U0320391

科学 么么 哒

# 探索春天
## Explore Spring

## 2.5 个了解春天的有趣方法

[美]玛克辛·安德森 著 【美】亚历克西斯·弗雷德里克-弗罗斯特 图

迟庆立 译

上海科技教育出版社

# 目 录

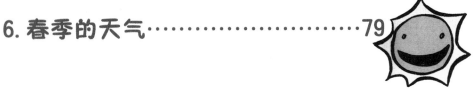

# 前言

# 让我们一起来研究春季

**看**看窗外，春季到了！鸟儿在筑巢。花儿也开了。树上长出了绿色的新叶。到处都有动物们在照看自己新生的幼崽。

**春季**是新生命开始的季节，户外的世界也从冬季苏醒过来。白天长了，也暖和了。但是，为什么会有春季？为什么每年的春季都是在同一时间到来？

这本书会带你仔细地研究一下春季，这个夹在夏季和冬季之间的季节。读了这本书，你就会明白，春季是一个户外环境几乎天天都在变化的季节。

在本书中，你有机会进行很多活动，完成很多实验，近距离地观察这些变化。你会发现很多有趣的东西，读到好玩的笑话，知道一些让人惊叹的数据。现在，准备脱下冬靴，穿上雨鞋，开始了解春季吧！

# 做个科学家！

这本书中的大部分任务和活动，都会让你自己来提出问题，然后试着寻找答案。科学家们把这个过程叫做**科学研究**，这是科学家们了解和研究周围世界的方法。科学研究的有趣之处就在于，你不能只是提出问题然后解答就万事大吉了。你必须得向别人证明，你给出的每一个解答，与别人运用你所用的方法得出的结果是同样的。

科学研究是这样操作的：

**1** 就某一现象提出问题或观点，即做出假设。

**2** 然后设计出各种方法或实验，来解答问题或证明观点。

**3** 完成实验，看看能不能证明观点。

**4** 根据实验结果对自己的观点进行修正。

## 各种各样的科学家

**科学家**是研究自然或宇宙，或者部分自然或宇宙的
人。科学家研究的对象可大到太阳，小至原子。有一点
你可能注意到了，很多科学门类都以"学"（-ology）
字结尾，比如动物学（zoology）、生物学（biology）。
"学"在这里指的是"对……进行研究"，这个词来
自古希腊语。很多学科名称也来自古希腊语。比如，
如果你是研究动物的科学家，那你研究的就是动物学。
如果你是专门研究蛇类的，你感兴趣的就是爬行动物学。
作为对蛇类的研究，这个名字还是挺贴切的，对吧？你还
能想出哪些以"学"结尾的科学名词呢？

　　**春季（spring）**在英语中的原意是"弹
跳"。英语用这个词来表示冬季之后
的季节，大约只有500年，这是因为植
物好像都从土里"跳"出来了。很多很
多年前，人们将冬季之后的这个季节叫
"lenten"。这个词是用来形容白昼越
来越长的，即lengthen（变长），后来
就演变成了lenten。

# 科学家还做些什么？

采集

观察

归类

科学家要采集：采集材料以进行观察。

科学家要观察：对什么发生了改变，什么没有变化进行观察。

科学家要归类：对采集来的材料进行分类。

## 词汇单

**春季：** 夹在冬季与夏季之间，北半球的春季差不多在每年的 3 月 21 日至 6 月 21 日，南半球的春季为 9 月 22 日到 12 月 21 日。

**科学研究：** 科学家提出问题，并通过实验努力证明自己观点的过程。

**假说：** 用于解释某些既定现象或观察结果，但尚未得到证明的观点。

**实验：** 对观点或假说的验证过程。

**科学家：** 研究科学而且对科学了解很多的人。

# 制作科研笔记本

给自己的问题找出答案就需要对事物进行非常仔细的观察，看看它们是如何变化的。之后，要把观察到的变化记录下来。很多科学家都记科研笔记，跟踪记录自己的观察结果。你也可以这么做。任何笔记本都可以用来记科研笔记，哪怕是几张纸也可以把自己的所看所做记录下来，用不着什么花哨的东西。（接下页）

## 活动准备

- A4 纸 10 张
- 大号牛皮纸购物袋 1 只
- 直尺
- 剪刀
- 硬纸板 2 片，饼干盒、麦片盒等均可
- 胶棒、胶水或白乳胶
- 彩色纸 2 张，比如旧的礼品包装纸，裁成约 15 厘米宽、20 厘米长
- 记号笔、彩色铅笔、不干胶
- 打孔器
- 弯头钉或橡皮筋 3 条

当然，如果你想自己动手做一本很特别的科研笔记本，下面就是一个很不错的办法，材料要用到旧牛皮纸袋、包装纸，还有硬纸板。做好的笔记本，看起来就好像用树皮包着一样！因为本活动需要使用剪刀和打孔器，所以一定要请大人帮忙。

**1** 把几张 A4 纸对折，折好后的尺寸是长 21 厘米、宽 14.8 厘米。

**2** 把牛皮纸袋剪成两片，尺寸为长 25 厘米、宽 21 厘米，再揉一揉、搓一搓、卷一卷，让纸变软。这一过程，会让牛皮纸的纤维变得和布料一样软。要使牛皮纸柔软，你的动作也要相应轻柔一些，再将揉好的纸展开放平。

**3** 剪下两片长方形的硬纸板，尺寸比 A4 对折后的长宽各多 2 厘米。在硬纸板的一面上涂上胶水。涂哪面都没关系，反正最后会包起来。两片硬纸板都涂好。

**4** 硬纸板涂了胶水的一面朝下，放在牛皮纸的正中。将硬纸板用力压下，让它牢牢地粘在牛皮纸上。

**5** 相对硬纸板四个角的位置，将牛皮纸超出硬纸板部分的四个角剪掉。这样会比较容易把美术纸的多余部分折到硬纸板的另一面。把牛皮纸四边多出硬纸板的部分统统涂上胶水，包严硬纸板，多出部分包到硬纸板的另一面。

**6** 现在，把彩色纸的一面涂上胶水。如果彩色纸只有一面有图案，就在没有图案的一面涂上胶水。涂胶水的一面朝下，将彩色包装纸粘在硬纸板没被牛皮纸包严的一面正中。这样整个硬纸板就都被包起来的，而且纸壳内侧还有了很漂亮的内衬。笔记本的封面就做好了，可以用记号笔、彩色铅笔或者不干胶来装饰。

**7** 在离白纸对折处约 2 厘米的地方，用打孔器从上到下打 3 个孔，靠上 1 个，中间位置 1 个，靠下 1 个。这些纸是记笔记要用的。10 张纸的孔要基本都在一个位置，不过也不需要非常精确。孔要打在笔记本左侧。

**8** 将折好的白纸夹在你做好的前后封皮之间。对应纸上孔的位置，在封皮内侧做好记号。

**9** 在封皮做好记号的位置打孔，以便你把纸放入前后封皮之间时，前后封皮和中间纸的孔洞应该是贯穿的。

**10** 如果使用弯头钉，可将钉子从打好的孔穿过，将钉腿在笔记本的后封皮外固定好。如果用的是橡皮筋，每个孔用一根橡皮筋穿过去，再反套回来，这样就能绷紧了。此外，还可以用毛线、细绳、丝带，甚至用鞋带系！

# 1. 太阳带来了四季

**怎**么才能知道春天已经来到你的身边？嗯，天气变暖和了。如果你那里下过雪，则雪都融化了，草开始生长了。

但是，有时候天气也会捉弄捉弄我们。比如，晚冬时，整个礼拜的天气可能都暖和得像春天一样。有时候，你觉得冬天已经过去了，结果它又回来了。如果我们不能完全靠天气来确定春天是否已经来了，那还能靠什么呢？靠白天的长短。随着冬天过去春天到来，白昼的时间会变长。事实上，春季是一年当中白昼时间最长的季节。

哇噢！

赤道是围绕地球中部一周的假想线。在赤道地区，天气一年四季也没有太大变化，这是因为那里的太阳照射一年四季都一样。

在地球的中部，有个环绕地球一周的假想线，叫**赤道**。赤道将地球分为两个部分：**北半球**和**南半球**。一年之中有两天，赤道会正对着太阳。一次是每年春季的第一天，另一次是每年秋季的第一天，通常是 3 月 20 日或 21 日和 9 月 22 日或 23 日。在这两天，地球上所有地方的日照时间都为 12 小时，黑夜时间也为 12 小时。这就是节气上的**春分和秋分**。

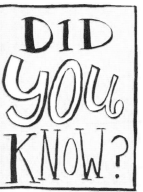

对你我来说，地球看起来很大。

但是，与太阳相比，地球却显得很小。

嗨，大家伙！

地球

太阳

事实上，太阳能装下 100 万个地球。

太阳

100 万个地球

# 关于太阳的数字

太阳表面温度约为 5500℃。

太阳与地球的距离约为 1.5 亿千米。

太阳的热量要花 8.5 分钟才能到达地球。

如果你开着车，每小时跑 103 千米，而且一分钟也不停，要花 163 年才能到达太阳。

如果你坐喷气式飞机，每小时飞 800 千米，也要飞 21 年才能飞到太阳！

# 大视角：为什么地球上有四季？

你住的地方可能一年到头都很暖和，也可能是冬冷夏热，春秋温暖。但无论你住在哪里，只要是在地球上，就有春、夏、秋、冬四季之分。而我们这些地球人之所以会体验到四季，与地球围绕太阳旋转的方式是分不开的。

地球一刻不停地围绕着太阳缓慢旋转。太阳的体积非常非常大，地球要花差不多 365 天才能绕着太阳转完一周。这个时间长度就是我们所说的一年。地球在围绕太阳公转的时候，本身还像陀螺一样自转，且向着一侧倾斜。所以在任何时刻，地球都只有一部分倾向太阳。不管倾向太阳的是哪个部分，那里就是夏季，得到的太阳直射就比地球上背离太阳的部分得到的要多。结果你猜怎么样？背离太阳的地方就进入了冬季！在冬夏之间，当背离地球的部分移到倾向太阳的位置时，就到了春季。

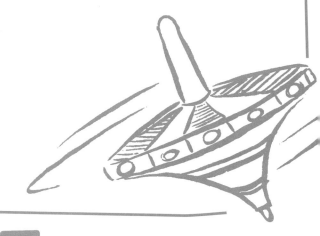

在北半球处于夏季时，北极就是地球上离太阳最近的点了，可北极仍然很冷。同样，在南半球处于夏季时，南极就成了地球上离太阳最近的点，可南极也一样冷。这说明了什么呢？暖和不暖和，并不是由地球到太阳的距离远近决定的，而是由太阳照射的角度和强度决定的。

尽管南极和北极在各自的夏季得到了每天 24 小时的日照，但温度仍然很低，原因就在于太阳照射的角度是一个斜角。而且在南北两极，一年中还有半年的时间根本得不到日照，或者日照极少。这段时间，两极的温度低到根本就暖和不起来了，就算在夏季也不行。那么，赤道附近又是什么样呢？

那里一年到头，温度变化都不大。原因是一年四季赤道始终是处于太阳光直射之下。

## 词汇单

**赤道：** 环绕地球正中位置的一条假想线，将地球分为南、北两个半球。

**北半球：** 地球赤道以北的半球。

**南半球：** 地球赤道以南的半球。

**昼夜平分点：** 一年中任何地方昼夜时间相等，各为 12 小时的两天。

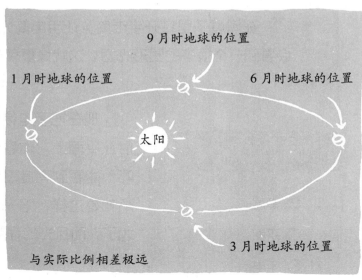

9 月时地球的位置
1 月时地球的位置
6 月时地球的位置
太阳
3 月时地球的位置
与实际比例相差极远

# 根据光照看季节

　　本活动的目的，是帮助你理解为什么夏天比冬天暖和，一切都是因为地球是倾斜着围绕太阳公转的。

**1** 在黑屋子里打开手电筒。让手电筒光垂直向下照在一个平面上。你会看到一个很亮的圆形光圈。这就像夏季时的阳光，强烈地直射着。

**2** 现在把手电筒偏一下，让光柱以一定角度斜射在平面上。你看到光线斜射时覆盖了多少地方吗？能看到亮度没有刚才那么强了吗？冬季的太阳就是这样，阳光不是直射的，要覆盖的面积更大了，而且光的强度也减弱了。

## 活动准备

◎ 黑屋子

◎ 平面

◎ 手电筒

## 到处都是春季吗？

　　季节是由地球环绕太阳转动的轨迹决定的。地球上的任何一处都有季节之分，但不同的地方，季节又略有不同。如果住在赤道附近，即热带地区，你可能感觉不到一年之中气温有多大变化。这也说得通，因为赤道所处的位置，不论一年当中的什么时候，受到的太阳直射都相同，这意味着那里的气温一年到头都基本不变。那么，热带有哪些季节呢？热带有雨季和旱季。4月到6月，对住在北半球的人就是暖和的天气和绿色的嫩芽，对于生活在赤道以北的热带地区的人，这3个月就是雨季。在北半球的赤道地区，雨季通常在从4、5月份持续到9、10月份。旱季从10月份开始，一直持续到第二年的3、4月份。如果你想在热带过春季，别忘了带雨伞！南半球的赤道地区，季节与此正相反。

　　地球的最顶端和最底端就是地球的北极和南极。夏季时，朝向太阳的那一极，一天24小时都是亮的。而到了冬季，背离太阳的一极，终日不见阳光。你想不想去一连数周太阳都不落的地方住？

# 了解自转的概念

为什么地球公转时的倾角，还有它像陀螺一样的自转方式，会影响地球上不同地区光照多少呢？来看看模拟演示，你就容易理解了！

**1** 在橘子正中绕橘子一周画一条线。这条线就相当于赤道。

**2** 在橘子顶端和底端附近各按上一只大头图钉，或者粘一个不干胶贴，以便较容易地记住北半球（上半个）和南半球（下半个）。

**3** 把橘子位置拿正，让赤道与地板平行。现在，在橘子上端和底部各扎一支牙签，这两个牙签分别代表北极和南极。把牙签扎深一些，深到要能捏着牙签转动橘子。橘子转动一周就是一天。

**4** 在小桌上倒扣一只大碗做太阳。当然，太阳和地球真正的大小对比，比这只碗和橘子的比例要大得多。在碗上标出一个起点。

**5** 捏着牙签转动橘子。让橘子略微倾斜，使得橘子底部的那支牙签（也就是设定的南极），略微指向大碗（也就是设定的太阳）。慢慢地绕着大碗转动橘子，橘子在自转的同时，还要保持倾斜。

在开始让橘子自转同时绕大碗旋转时，你会发现，橘子的下半部分（南半球）更直接地朝向太阳。等差不多绕着大碗走了半圈时，又是什么情形呢？橘子的上半部分（北半球），更直接地朝向太阳了。地球在围绕太阳公转时，也是这种情况。一年之中有一段时间，北半球受到的太阳直射比较多，这时就是北半球的夏季。而这段时间，正是南半球背离太阳的时间，所以南半球是冬季。一年中还有一段时间，南半球所受的太阳直射更多，处于夏季，这时的北半球处于冬季。在这两个时间段之间，哪个半球受到的太阳直射也不比另一个半球多，这时两个半球一个是秋季，另一个是春季。

## 活动准备

- ◎ 橘子 1 只
- ◎ 黑色记号笔
- ◎ 颜色不同的大头图钉或不干胶贴 2 个
- ◎ 牙签 2 支
- ◎ 大碗 1 只

# 2. 绿色，绿色，绿色

**不**论你住在哪里，春季都是一年中植物长得最快的季节。你注意过春季里的绿色有多浓吗？你的身边到处都是绿色。这是为什么呢？

春季，地球得到了更多来自太阳的能量，日照越来越接近直射。日照越多，意味着土壤越温暖。随着地温上升，土壤中原本冻结的水分也融化了。更多的阳光照射，还意味着海洋的温度也在升高，继而会带来温暖的春雨。当土壤温度上升，温暖的春雨落下时，又会带来什么呢？埋在土里的种子吸收了水分，发芽了。这些小芽又长成了绿色植物，植物的叶子迎着太阳茁壮生长，而根则向下扎进了土里。

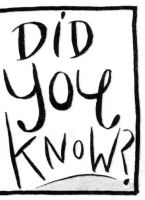

土壤是由岩石、落叶、昆虫和其他生命体构成的。

随着时间流逝，岩石碎裂了，

碎成越来越小的块儿。

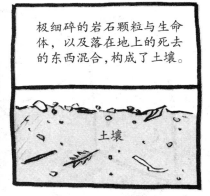

极细碎的岩石颗粒与生命体，以及落在地上的死去的东西混合，构成了土壤。

土壤

# 土壤：不只是泥土

土壤是地表的最上层，由很多不同的东西构成。我们来仔细研究一下。土里有岩石、黏土、沙子、树叶、蠕虫，还有甲虫。你家后院的土壤，可能和好朋友家的就不一样。而且，土壤还在不停地变化。岩石经过很长很长时间，会碎裂成很小很小的碎块。这些碎块与生命体，还有每年落在地上的死去的东西，比如落叶、碎木块，还有草，甚至死去的动物和昆虫等，就混在了一起。

哇噢！

地球上不同地方的土壤类型也不同，这要取决于当地生长的植物种类、岩石种类，还有气候条件。

哇噢！

要形成 2.5 厘米厚的表土，可能得用 500 多年的时间呢！

土壤中还有细菌和真菌，只不过它们太小了，你的眼睛看不到。这些微小的生命体和蚯蚓、蚂蚁一起，将落叶、草还有其他死去的东西分解成更小的单位，并将它们混合在一起。土壤中有很多孔洞，也就是说，在细碎的岩石、碎叶、虫子和其他东西之间，有很多很小的空间。这些空间对植物来说非常重要，因为这是水和空气在土壤中汇集的地方。植物要长得茂盛，水和空气缺一不可。土壤中如果有很多沙的话，那孔洞就更多。这会使土壤中的水分迅速流失，而植物也很快就会枯萎掉了。

## 北极的植物横着长！

春季的北极，只有表面几厘米厚的土壤会解冻。因此生长在那里的植物，就不能向下长，只能横着长，因为绝大部分土壤都是永远冻着的。这种永远冰冻的土壤，就是永久冻土，这就是北极地区的树都长得低矮的原因。最高的树，也不过 1.8 米左右，因为浅浅的根系根本无法支撑长得很高的树。

# 春季的土壤暖起来

**春季的土壤是怎么暖和起来的？你自己来看看就知道了。**

**1** 在学校或你家朝南的地方找一块最朝阳且没长东西的土。你找好的这片地，春季时要能较长时间晒到太阳。

**2** 在树底下或者其他阳光不多，应该是在朝北的地方，再找一片也没长东西的光土。

**3** 从 3、4 月份到 6 月份，每周同一时间去查看一下两块土的温度。

**4** 在科研笔记中做一个表，将采集的数据记录下来，并对两处土壤的温度进行比较。

## 活动准备

◎ 土壤温度计 2 支
  （可以在园艺用品店找到）

◎ 科研笔记本

## 想一想

◎ 随着时间推移，土壤是在缓慢升温，还是迅速升温？

◎ 是不是一处土壤的升温速度比另一处快？

◎ 你注意到不同温度下的土壤表面有什么不同吗？

◎ 是不是一处土壤表面的变化，比另一处的要快？

# 向日葵真的很喜欢太阳

向日葵长得高高的，开着大大的棕色和黄色花朵。你可能觉得，向日葵的得名是因为它的花盘有点儿像太阳。事实上，向日葵是因为它那个大花盘每天都在追着太阳走而得名的。找一个晴天，观察一下早晨的向日葵，看看它的花朝着哪个方向。隔几个小时后，再去看看，将向日葵花的朝向记录下来。再等几个小时，把向日葵的最新朝向记录下来。你肯定能发现向日葵在不断运动。

## 词汇单

**萌芽：** 种子发芽，开始朝着有光线的地方生长。

**叶绿素：** 植物叶片中能帮助它们合成营养物质的化学物质。

**光合作用：** 植物合成自己养料的一种方式。

**毛细作用：** 植物将水分从土壤中吸收到叶片里 的方式。

黏土含量较高的土壤就没有那么多孔洞，所以这种土壤很重，植物的根想向下生长就不太容易，水要从黏土中排出去也比较难。对植物来说，最好的土壤是既不太干，也不太湿。这才是植物最喜欢的土壤！

冬季时，土壤中的水分冻成了冰。到了春季，冰会融化。最有意思的是，土壤中的水并不都在同一时间上冻（结冰），也不是同一时间解冻。这是因为，不同地方的土壤构成的成分不同，得到的日照量也不同。

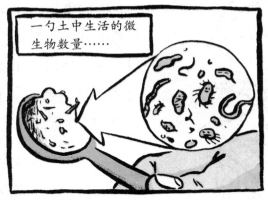

一勺土中生活的微生物数量……

比整个地球上的人口总数还多。

为什么土壤中水分的上冻解冻过程这么重要呢？这是因为土壤中的冰融化时，为埋在土中的种子提供了水分，同时土壤也软化到使植物的根能生长、延展的程度。

# 种子在春季发芽

每个植物的种子里面，都蜷缩着一个未萌发的芽，植物所需的营养也储存在种子里面。种子外面包着一层种皮，以便在生长条件成熟之前，为植物保暖，同时提供保护。春季到来时，土壤在阳光的照射下温暖起来，冻在土壤中的冰也融化了。温暖湿润的土壤会使种皮涨大，直到大得在地下爆开。这就是**萌芽**。

植物的根向下深入土壤，吸收土壤中的水分和矿物质，帮助植物制造更多的养料。与此同时，植物的芽从土中向上冒出来，朝向太阳。阳光也能帮助植物制造自己所需的养分。

植物一旦穿透土壤冒出头来，又会怎样呢？它们会长出叶子来，通过叶子来吸收阳光，开始制造自己的养分。植物中有一种化学物质**叶绿素**，能转化太阳能，还让植物看起来是绿色的。通过这种叫做**光合作用**的合成过程，植物将太阳的能量转化为自己的养分。

## 夏季慢悠悠

为什么春季时什么都长得飞快，但到了夏季却不怎么长了呢？那是因为整个春季里，白昼的时间都在不断变长。白昼变长意味着日照时间长，光照更多，光合作用也就进行得更多。北半球日照时间最长的一天是6月21日，这是夏季的第一天。猜猜结果怎么样？虽然夏季的温度越来越高了，但每天的日照时间都比前一天短了。白昼时间短了，意味着日照少了，光合作用自然也进行得少了。光合作用少了，植物当然长得就慢了。

## 烧着了的种子

大多数种子只要土壤温暖湿润就会发芽，但有些种子只有在森林大火的灼热高温中才能发芽！在美国西部，查帕拉尔群落植物的种子，只有经过森林大火的高温和烟熏火燎才能萌发。该群落有些植物的种子，会在土中埋藏数年，耐心等着森林大火来帮它们萌发。

世界上最大的花，生长在苏门答腊岛上。这种花盛开时有1.2米宽，3米高，重量超过11千克，而且散发着一股臭鱼味。真恶心！

哇噢！

植物得到的日照越多，给自己制造的养分就越多，长得也就越大。这就是在日照时间比较长的春季，植物会疯长的原因。你能想象如果你能合成叶绿素，每年春季会长多少吗？想想都吓人！

# 发 芽 大 赛

**植物在春季是怎么生长的？最好的了解途径，就是自己种几株植物，观察它们发芽。**

**1** 把两张黑色美术纸卷成筒，分别塞入两只罐子或杯子，这样美术纸就会贴在罐壁或杯壁上。

**2** 罐内加入水，要没过罐底，水深1—1.5厘米即可。纸将水慢慢吸走，让种子既有足够的水分萌芽，又不会被淹死。

**3** 在两只罐子的美术纸和罐壁之间放一两颗种子。一个罐子放在温暖朝阳的地方，另一个罐子放在凉一些、阳光也少一些的地方。

**4** 观察记录每个种子的萌芽时间，测量每株嫩芽每天的生长长度，将数据记录在科研笔记本上。

## 开心一刻

问： 为什么叶子跑去看医生了？

答： 因为它的脸色都绿了。

## 活动准备

◎ 黑色美术纸2张

◎ 水

◎ 透明塑料杯或玻璃罐2只

◎ 种子几颗，如豌豆、南瓜籽、蚕豆均可

◎ 科研笔记本

## 想一想

◎ 种子的形状变了吗？
◎ 哪个种子发芽最早？为什么？
◎ 种子在发芽后的生长速度是一样的吗？为什么？
◎ 种子的根是不是有的长，有的短？
◎ 你在这个实验中还注意到了什么？

# 这些种子都是湿的！

有没有植物不用土壤就能生长？有，这些植物从水里吸收营养。就算是在自然状态下需要土壤才生长的植物，在人工环境下也可以在水中生长，这叫做水培。水培要求栽种者必须将所有养分和蛋白质溶入水中。我们要做的这个实验和上一个实验非常相似，但这次你会看到有土和无土栽种植物的区别。

**1** 把两张黑色美术纸卷成筒，分别塞入两只罐子或杯子，这样美术纸就会贴在罐壁或杯壁上。

**2** 罐内加入水，要没过罐底，水深1—1.5厘米即可。纸会将水慢慢吸走，让种子既有足够的水分萌芽，又不会被淹死。

**3** 在两只罐子的美术纸和罐壁之间放一两颗种子，再将罐子放在温暖朝阳的窗台上。

**4** 每天查看两个罐子。在种子萌芽后，在一个罐中装入土壤，保持土壤湿润。另一个罐子加入水，水位只要刚刚能碰到根就好，保持这一水位。几天后查看两个罐子。

## 想一想

◎ 种在土里的苗和种在水里的苗看起来有什么不同？

◎ 是不是一个罐子里的苗比另一个罐子里的苗长得大？

◎ 你觉得土壤和植物是什么关系？将你的观察结果记录在科研笔记本里。

## 活动准备

◎ 黑色美术纸2张

◎ 透明塑料杯或玻璃罐2只

◎ 水

◎ 种子几颗，如豌豆、南瓜籽、蚕豆均可

◎ 花土1杯

◎ 科研笔记本

有些植物，比如捕蝇草，真的吃昆虫呢！

植物会吃昆虫，是因为它们从土壤中得不到自己所需的足量矿物质。

富含矿物质的昆虫

贫瘠的土壤

# 植物要喝水

　　你知道植物会从土壤中吸水喝吗？它们喝水的方法，和我们可不一样。植物的根将水分从土壤中吸取出来，再输送到叶子上，过程有点像家里的自来水管将水送到水龙头一样。不过，水是怎样从土壤中一路向上到达叶子的呢？首先，水喜欢吸附在表面上，比如植物的根，小水滴还喜欢粘在一起（水喜欢和水一起玩！）。当水在植物的根内积累得足够多时，就会到别的地方去，于是就顺着根向上跑到叶子那儿去了。这个过程在植物内部时刻都在发生，这就是**毛细作用**。

# 康乃馨变变变

**非常好玩的实验，让你亲眼见证毛细作用的发生。**

**1** 每支康乃馨末端剪掉 2.5 厘米左右。3 只玻璃杯中都倒入水。

**2** 每只杯子中滴入 10—20 滴食用色素，一只杯子滴绿色，一只滴蓝色，一只滴红色。

**3** 每只杯子里放入一枝康乃馨。放置一夜。将你的观察结果记录在科研笔记中。

## 材 料

◉ 白色康乃馨 3 支

◉ 剪刀

◉ 玻璃杯 3 只

◉ 水

◉ 绿色、蓝色、红色食用色素

◉ 科研笔记本

## 想一想

◉ 在实验开始之前，你认为食用色素会发挥什么作用？将你的假说记在科研笔记本上。

◉ 白色康乃馨出现了什么变化？

◉ 它们变颜色了吗？如果变了，你觉得为什么会变？

◉ 有没有哪种颜色比别的颜色着色更深？

# 芹 菜 大 赛

另一个观察毛细作用的有趣方法，是来一场芹菜大赛。若用到削皮器时，请大人帮忙。

**1** 案板上放 4 根芹菜秆，从茎上开始长叶子的地方对齐。

**2** 从对齐处，也就是叶秆分叉端向下 10 厘米处切断。这样，4 根芹菜秆就一样长了。

**3** 杯中倒入水，滴入 10—20 滴食用色素。把芹菜秆叶子朝上，每只杯中放一根。

## 活动准备

- 带叶子的新鲜芹菜秆 4 根，大小要基本相同
- 直尺
- 小刀
- 杯子 4 只，纸杯、塑料杯均可
- 水
- 红色或蓝色食用色素
- 纸巾 4 张
- 蔬菜削皮器
- 科研笔记本

**4** 桌上铺开 4 张纸巾，第一张写上"2 小时"，第二张是"4 小时"，第三张是"6 小时"，最后一张是"8 小时"。每两个小时，从杯中取出一根芹菜，放在标有相应时间的纸巾上。

**5** 每次从杯中取出芹菜时，都用削皮器将芹菜外皮削掉，这样你就能看到芹菜秆内颜色上升的高度了。

**6** 等所有的芹菜秆都取出来后，测量每根芹菜秆上颜色的上升高度。

## 想 一 想

- 第一根芹菜变色花了多长时间？
- 哪根芹菜秆里的颜色变色最厉害？
- 你还注意到了什么？

# 把叶子去掉

叶子不仅能帮助植物制造所需的养分，还能帮助植物从土壤中吸取水分。这是因为叶子越多，植物中水分可以去的空间越多。空间越多，说明要吸收的水分越多。在这个实验中，你就会看到有叶子的植物从土壤中吸收水分的能力，要比没有叶子的植物强。

**1** 案板上并排摆 4 根芹菜，从秆上开始长叶子的地方对齐。

**2** 从对齐端，也就是叶秆分叉端向下 10 厘米处切断。这样，4 根芹菜秆就一样长了。

**3** 将其中 2 根芹菜秆上的叶子全部切掉，只留下光秃秃的秆。现在，你手上的芹菜 2 根有叶子，2 根没叶子。

**4** 杯中倒水，每杯滴入 10—20 滴食用色素。

**5** 每只杯内放入一根芹菜。在有色的水里放上 2 小时后，将 4 根芹菜秆全部取出。

**6** 用削皮器削去芹菜外皮，以便观察里面色素的上升高度。

## 想一想

❀ 哪两根芹菜颜色最深？
❀ 哪根芹菜上色最快？
❀ 叶子让芹菜更容易吸收水分还是更难吸收水分？
❀ 在这个实验里你还注意到了什么？

## 活动准备

❀ 带叶子的新鲜芹菜 4 根，长短要基本相同

❀ 直尺

❀ 小刀

❀ 杯子 4 只

❀ 水

❀ 红色或蓝色食用色素

❀ 蔬菜削皮器

❀ 科研笔记本

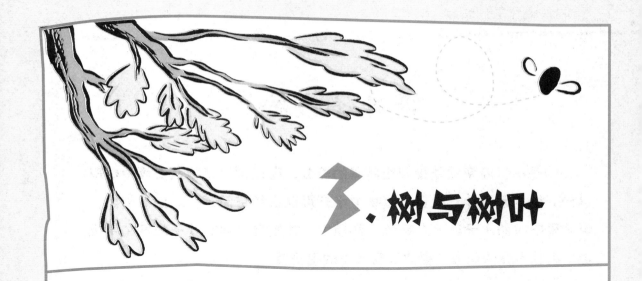

# 3. 树与树叶

**春**季你在外面看到的绿色植物，并不只有小型植物。抬头看看——大树上也长出了新芽和树叶。树可以分成两类。

**针叶树**是结球果的树，它的树叶长得像针一样。大多数的针叶树都是**常绿树**，因为它们的叶子或者说针叶不会每年都掉光。松树、冷杉、雪松，还有云杉都是针叶树。不过，有些针叶树不是常绿树，它们的叶子每年

都会脱落。落叶松和落羽松都结球果，都有针状叶，但是每年秋天，树上的针叶都会脱落。

**阔叶树**每到秋天就会落叶，因此往往也被称作落叶树。阔叶树可能开花、结果，橡树、槭树、果树、桦树和山毛榉只是其中的几种。有些生长在温暖地带的阔叶树，比如木兰，树叶不是一下子全都落尽。这些树看起来是常绿的，但它们的叶子其实是在脱落，所以并不是真正的常绿树。

## 词汇单

**针叶树**：结球果，叶子像针的树。大多数针叶树也是常绿树。

**常绿树**：秋天不落叶，整年都是绿色。

**落叶树或阔叶树**：秋天落叶，春天又长出新叶。

**休眠**：植物处于休眠期，会停止生长一段时间。

**物种**：一类植物或动物。

# 落叶树还是针叶树？

**在这个活动中，你要去调查一下你家院子里或者附近公园里都种着哪种树。**

**1** 在科研笔记本中列一份清单，说明针叶树和阔叶树的特征有哪些。

针叶树：
针状叶或鳞状叶
球果
通常全年都长着叶子

落叶树或阔叶树：
宽阔的叶片
往往会开花、结果
每到秋天会落叶

## 活动准备

- 🌀 科研笔记本
- 🌀 铅笔

**2** 到户外找一个至少长着 3 棵树的地方，当然多于 3 棵更好。仔细观察每棵树的树枝，还有树周围的地上。你会找到一些线索，帮助确定这棵树到底是针叶树还是阔叶树。将观察结果记录在科研笔记本里。

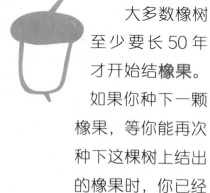

大多数橡树至少要长 50 年才开始结**橡果**。如果你种下一颗橡果，等你能再次种下这棵树上结出的橡果时，你已经多大了？

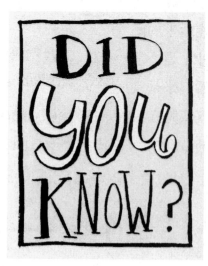

DID you KNOW?

信不信由你，**棕榈树**其实并不是树，而是一种生长在热带地区的开花植物。全球的棕榈树有 2600 多种。

## 想一想

- 这棵树的树叶是针叶还是阔叶?
- 树枝上都是叶子，还是叶芽?
- 树上有球果吗?
- 这棵树附近的地上有没有坚果、球果或者其他果实?
- 你能把树叶画下来吗?
- 你能把树画下来吗?
- 你发现的每种树各有几棵?
- 还有别的针叶树或者阔叶树吗?
- 哪种树长得更大些?
- 如果你想找到最大的阔叶树，应该去哪儿找呢?
- 在哪儿有可能找到最大的针叶树呢?

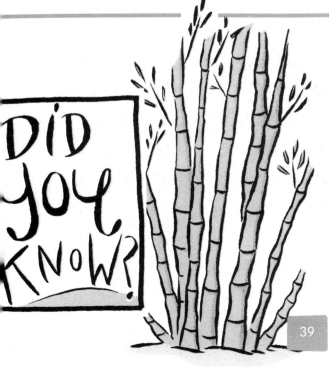

竹子是生长在热带地区的一种草本植物。它的生长速度非常快，每天可以长将近1米! 想一想，你要长1米得花多长时间。

# 甜甜树汁有惊喜

有些树，比如糖槭树，到了春季，会分泌非常甜的树汁。因为树汁特别甜，人们就在糖槭树的树干上钻出小孔，用桶来收集树汁熬制枫糖。

一棵完全长成的糖槭树，每天可以分泌出 75 升左右的树汁。听起来很多吧？可是熬制枫糖时，因为要熬制多个小时，所以大部分的水分都蒸发了。每 40 升树汁，才能熬出 1 升枫糖。

很多孩子都吃过枫糖浆，可是你知道有些桦树的树汁也是甜的吗？春季，折下一小截黄桦枝嚼嚼，你会尝到一股甜甜的薄荷味呢！

# 树汁的上升

所有的树都有树汁。树汁是能帮助树长出新叶和新枝的液体。冬季，树处于**休眠**状态，落叶树的树汁也静静地不太动了。等春季到来时，白天时间长了，空气和土壤也再次温暖起来，这时树汁开始流动，树就"醒"了。树一醒过来，就加速通过毛细作用吸收大量水分，长出新叶。还记得毛细作用吗？这是植物喝水的过程。一棵完全长成的树，每天要通过根从地下吸收约 150 升水，其中一部分水会通过树叶蒸发掉。

# 嫩芽催呀催

　　为什么在温暖的春雨下过之后，几天之内树上会 "爆出" 新叶？那是因为春季开花的树，早在前一年的夏末和秋季就已经做好了准备。秋季，在进入休眠状态准备过冬时，就在枝条上长出了叶芽。等到了春季，土壤温度升高，树根解冻并开始从土壤中加速吸取水分，叶芽终于等到了需要的温度和水分，就"爆"了出来。用下面这个方法，你可以亲眼看一看。

**1** 找个花瓶装上水，将嫩枝放入瓶中。

**2** 每天同一时间去检查一下嫩枝的情况，要保持花瓶中始终有水。

**3** 将嫩芽的变化状况，用草图的形式在科研笔记中记录下来。

## 想一想

🌀 叶芽用了多长时间才冒出来？
🌀 是不是所有的芽都是同时冒出来的？
🌀 等了多少天嫩枝才长出叶子来？
🌀 嫩枝吸水了吗？吸了多少？

## 活动准备

🌀 花瓶

🌀 水

🌀 柳树或者果树上折下的细枝

🌀 科研笔记本

# 树皮啊树皮！

你可能觉得所有的树长得都差不多，尤其是早春时叶子还没怎么长出来的时候。但是树和人一样，没有哪两棵树是长得完全一样的。即便属于同一**物种**的树长得会很像，不过只要看看树皮，还是能分辨出它们的不同。

树皮有抗病防虫的保护作用。对于树来说，树皮就好像皮肤或者一套铠甲。树年幼时，树皮是光滑的。随着树越来越老，长得越来越大，树皮也变得越来越粗糙。在北美，只有一种树即使长成变老树皮也始终保持光滑，就是山毛榉。

在北美，不同的树树皮也不同。白蜡树的树皮上有菱形图案。黑樱桃树树皮上的花纹，就好像薯片一层层摞在一起。桦树和美国悬铃木的树皮有点像撕破的纸，而且会一层层脱落。桦树的树皮可用于制作独木舟、编织、制鞋、造纸，甚至还能用做衣料。

# 当个树皮侦探

　　该活动的目的，是在早春还不能靠观察树叶识别树木种类时，帮助你识别树木。要注意观察这些树树皮的异同。当个树皮侦探，很好玩呢！

**1** 用科研笔记本将每棵树的下列相关信息记录下来：树皮长什么样？摸起来是什么感觉？树皮上有没有特别的图案花纹？是什么样的图案花纹？树皮上有什么昆虫或者动物吗？

**2** 利用树种鉴别指南，通过树皮来对每棵树进行识别。

## 想一想

◎ 这些树有属于同一种的吗？

◎ 这些树的树皮有哪些相同点？又有哪些不同点？

◎ 通过哪些方法可以辨别一棵树的树皮与另一棵树的有什么不同呢？

## 活动准备

◎ 3 棵大小差不多的树

◎ 铅笔

◎ 科研笔记本

◎ 树种鉴别指南

# 世界上最大最老的树

树是地球上最长寿的生物，也是体积最大的生物。

世界上最大的树，是生长在美国加利福尼亚州的一棵名叫谢尔曼将军的巨杉。巨杉是红杉的一种。谢尔曼将军已经长了 2000 多年了！它的树干直径有 9 米多，树高 83.82 米，大得能把你家的房子整个装进去！不过，谢尔曼将军并不是世界上最古老的树。和古树玛苏撒拉比起来，谢尔曼将军还太年轻。玛苏撒拉是一颗松树，也生长在加利福尼亚州。为避免遭人砍伐，这棵树的具体生长地点保密。这棵树的惊人之处是它的树龄已经接近 5000 年了。也就是说，在埃及还在建造大金字塔的时候，这棵树就已经在那里了，而且现在还在继续生长中！这才真的是古树呢！

哇噢！

**开心一刻**

问：树去参加泳池派对时穿什么？

答：穿树皮，半光着身子。

# 那棵树多大年纪了？

　　和其他植物一样，春季是树长得最快的时候，因为这个时候的日照长，降水多，温度也高些了。当树被砍倒后，只要数数树桩上有多少年轮，就可以知道树的年龄。一般来说，树上的年轮有的细些，颜色深些，有的年轮宽些，颜色也浅些。这些颜色较浅的宽年轮，就是春季时的生长形成的。不过，如果树还在生长，我们怎样才能知道它们的树龄呢？下面这个活动可以帮你算出一棵树的大致树龄。这个方法用在硬度低的木材或者像桦树、山毛榉和白蜡树这些生长速度很快的树上效果最好；对于其他树，尤其是枫树、橡树或生长较慢的硬木树则不适用。

**1** 在树干上离地大约 1.5 米的地方做个标记，用软尺量出此处树干的周长。

**2** 每 2.54 厘米（约 1 英寸），代表 1 年的树龄。例如，如果一棵树的树围有 50.8 厘米（约 20 英寸），那说明这棵树差不多有 20 年树龄了。

## 活动准备

- ◎ 树
- ◎ 软尺
- ◎ 铅笔
- ◎ 科研笔记本

# 自 己 造 纸

　　你知道纸是用树造出来的吗？在这个活动中，你可以利用回收材料自己造纸，还可以加入一些树叶、树皮！开始的时候，你可能觉得乱糟糟的，有些复杂，但其实很容易，而且很有意思。

**1** 把废纸撕成两三厘米大的纸屑。将撕好的碎纸屑放入大盆，盆中加入温水，浸泡至少半小时。你也可以浸泡一晚上。

**2** 将细铁丝做的晾衣架弯成四方形，大小一定要比盆口小一些。在衣架上蒙上一层旧丝袜，用订书机将丝袜固定好，纸帘就做好了。

**3** 在搅拌机里倒入温水，至半满，加入一把泡好的纸屑。确保搅拌机的盖子盖严，中速打碎至看不到成片的纸屑为准。看起来应该就像纸做的汤，这就是纸浆。

**4** 将搅好的纸浆倒入另一个大盆或者大罐子，倒入碎树皮、叶子或者花瓣并搅拌。

**5** 倒入温水，没过混合好的纸浆，并再次搅拌均匀。

**6** 将晾衣架做的纸帘探入大盆中，舀一些纸浆。保持纸帘在水面下，前后轻轻晃动，让纸浆在纸帘上均匀分布，之后提出水面。

## 活动准备

- 废纸 5 张，可以是厨房用的纸巾、美术纸或者厕用纸
- 大盆或者大罐子 2 只
- 温水
- 铁丝衣架
- 旧尼龙长筒袜
- 订书机
- 搅拌机
- 树皮、树叶、花瓣、线头或者碎绳
- 海绵
- 毛巾或者餐巾纸（吸水用）
- 擀面杖
- 家用熨斗
- 滤网

**7** 将纸帘架在盆上滴水，以便帘上的大部分水都透过丝袜网滤掉。这时，纸帘上应该留有一层均匀的纸浆。用手轻压纸浆，将多余的水挤掉，也可以在纸帘的下面用海绵将多余的水吸出。

**8** 找一处平面，将干净的毛巾或者餐巾纸铺好。将纸帘有纸浆的一面朝下，反扣过来，然后将纸帘轻轻地提起，纸就留在报纸上了。

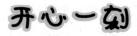

**开心一刻**

问：河狸跟树说了什么？

答：啃到（看到）你很高兴。

**9** 纸上再盖一层毛巾或者餐巾纸，用擀面杖反复碾压，将多余的水彻底吸出来。用同样的方法，你可以继续造纸，数量随意。留出一晚上，让纸继续干燥。

**10** 等纸基本上干了的时候，可以请大人帮忙把纸用熨斗熨一熨，让它彻底干燥。而且，熨斗还可以让纸张变得平整。等纸完全干了，同时捏着上下两层毛巾或者餐巾纸轻轻揭掉。这样毛巾和纸就会分开，也不会撕破纸。

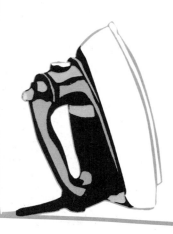

**注意**

纸做好后，将剩下的纸浆用滤网滤出来，再扔出去。千万不要直接倒入下水道，那会引起堵塞的！

# 4. 动物的迁徙

春季是动物界的迁移季节。很多动物冬季时会迁移到其他地方，而春季又会返回原来的居住地。

这就是**迁徙**。动物的迁徙与普通的迁移不同，因为它们会在每年差不多相同的时间回到相同的地方。

动物怎么迁徙，不是它们的父母教的。

走吧！

它们天生就知道怎么迁徙。

这种生来就有的本领，叫做本能。

人一出生就有的一种本能，就是用哭声来交流。

你还能想出人类其他的本能吗？

有些动物在冬季到来时，会迁徙到更温暖的地方，因为天气寒冷，意味着食物来源就减少了。也有些动物不得不迁移，因为它们的身体实在受不了冬季的寒冷。春季时，天气转暖，食物又多起来了，这些动物就会回到它们夏季时的栖息地，繁育后代。

迁徙的动物知道什么时候该动身，靠的是**本能**。科学家认为，是太阳在告诉动物们春秋两季迁徙的时间。夏季，当白天的时间越来越短时，动物们就知道该是搬到冬季栖息地的时间了。而在冬季，随着日照时间逐渐变长，动物们就知道该准备开始向夏季的栖息地迁徙了。

## 开心一刻

问：为什么海鸥不在海湾上空盘旋，而在海上盘旋？

答：因为它们不想被叫成湾鸥。

## 为什么动物会向北方回迁？

如果说动物在秋季向南方迁徙是因为南方食物更多、气候更好，那为什么它们还要再回到北方？为什么不干脆就留在南方，不用浪费时间跑来跑去？这是因为任何地方的季节都是变化的，就算是热带也不例外，这些变化还会影响到动物的食物和栖息地。

黑脉金斑蝶冬季在热带的墨西哥山脉中过冬，但它们要吃的乳草，却只能在夏季生长在较北部。很多鸟类在秋季会迁徙到热带地区过冬，但春季又会返回北方。这是因为热带的雨季会影响那里的食物供应。鸟类在春季时会飞回北方，因为这时的北方食物充足，气候也温暖了。

## 所有这些动物都迁徙

你可能知道有很多鸟类，比如野鹅，春季时会迁回北方。但是，你知道很多其他动物也会迁徙吗？鲸、海豹、海牛、麋鹿、驼鹿、鹿、蝴蝶、螃蟹、龙虾、部分鱼类、乌龟、青蛙，甚至蝙蝠每年都会迁徙。有的动物，比如青蛙，迁徙的距离很短；有的动物迁徙的距离则很长。有一种海鸟叫灰鹱，它们每年春季要从新西兰飞到美国的加利福尼亚州，迁徙距离大约 9600 多千米。

# 谁是最先到达的鸟?

　　鸟类往往是春季第一批开始迁徙的动物。在本次活动中,需要你把在春季听到或看到的不同的鸟出现的时间记录下来! 要记住,在你周围,很多鸟终年都不会离开。那么,哪些鸟是在秋季离开,春季回来的呢? 你可以打开 www.audubon.org 这个网站,看看你们当地哪些鸟属于候鸟。也可以问问大人,请他们指出一种当地有的候鸟。

**1** 选一种你们当地有的、你知道会在春季迁徙回来的候鸟。研究有关这种鸟的毛色和叫声的资料。在你的科研笔记本上,画一张这种鸟的图。

**2** 清晨和傍晚是鸟类最活跃的时候。走到户外,去听听找找你选好的这种鸟。将你第一次看到这种鸟的具体时间和日期,在笔记本上记录下来。

DID YOU KNOW?

　　包括海豹和鲸在内的很多海洋生物,利用**回声定位**来辨别方向。你能根据这个词的两个组成部分——回声和定位,猜出这些海洋生物在做什么吗? 它们先向外发出声波,

## 想 一 想

◎ 你在春季最先看到或听到的鸟，是你选的那种鸟吗？

◎ 如果不是，你知道最先回来的是哪种鸟吗？

### 活动准备

◎ 科研笔记本

◎ 彩色铅笔

◎ 日历

## 词汇单

声波碰到物体会反射回来，这就是回声，而回声会帮助它们确定自己的位置。回声定位最棒的地方是，动物不论去哪里都可以用，而不是只在迁徙途中才可用。

**迁徙：** 动物为了食物或繁育后代，每年从一个地区向另一地区的群体性迁移。

**本能：** 遗传得来的、天生的行为模式。

**候鸟：** 迁徙的鸟。

**迁飞途径：** 候鸟迁徙所经的路径。

# 动物怎么知道要往哪里迁徙？

有些动物的迁徙距离很长。那么，它们是怎么知道要往哪里去？动物确定方向有多种不同的方法。

有些科学家认为，鸟类和蝴蝶利用太阳、星星来为自己导向。还有科学家认为，它们能够利用地球磁场找到自己的目的地。科学家们发现，有些夜间飞行的鸟在大雾中飞行就会迷失方向，但如果夜空晴朗就不会。

因此科学家认为，这些鸟是在利用星辰的位置来为自己导航。

一些科学家对蝴蝶的迁徙进行了研究。他们认为，蝴蝶在某种程度上把太阳当作指南针，来为自己定向。

需要迁徙的鸟，就被称为候鸟。在北美，大多数候鸟都是沿着迁飞路径迁徙。迁飞路径是成千上万只鸟在南北迁徙时共用的一条非常宽阔的空中路线，相当于一条鸟类使用的空中高速公路。

北美洲的迁飞路径主要有四条，分别是大西洋迁飞路径、太平洋迁飞路径、中央迁飞路径和密西西比迁飞路径。不同群体的鸟使用路径的不同位置，也叫做廊道。从某种意义上讲，这些廊道有点像公路上的不同车道，只不过这是条非常非常非常宽阔的公路！

陆生动物和海洋动物同样有它们年复一年使用的迁徙路线。有些哺乳动物，比如鹿、驯鹿和驼鹿，每年走的都是别的动物已经踩出来的路，再一路循着气味回来。还有些动物利用地标，也就是它们已经记住的地方，这样它们就能确保自己走的方向是对的。科学家们认为，鲸和其他迁徙性海洋动物在沿着海岸线来回迁徙时，会寻找特定地标，并把这些地标记下来。

# 你能走多远？

为什么每年春季，有的动物要长途迁徙，而有的动物却只是搬到了附近某个地方。这个活动会帮助你对这个问题进行思考：为什么不同的动物迁徙的距离不同。完成该活动需要几个帮手，一个人负责念动物的名称，其余几个人扮演迁徙的动物。

**1** 在单子上列出运动方式不同的多种动物。比如，鸟是飞的，蛇是游走的，龙虾是倒退着爬的，鹿是跑的。

**2** 定好模仿单子上每种动物运动的最佳方式，让参与者练习各种动物的运动方式。

**3** 标好一个起点，这个点就是你要模仿的动物冬季时的栖息地，也是春季开始迁徙的起点。

**4** 从起点处测量约 25 米的距离，做好标记，这是终点，也是参赛"动物"的夏季栖息地。

**5** 选出一个人负责喊口令，只不过喊的时候不说"跑"，而说"预备，开始"，之后说出要迁徙的动物的名称。

## 活动准备

- 迁徙动物名单
- 卷尺
- 开阔的场所，比如走廊、操场或者家里的后院

**6** 参赛"动物"听到口令后，就按照各自的运动方式从起点迁徙到终点。如果你是鹅，就可以飞。如果是蛇，只能S形游走。如果是鲸，就必须游泳。如果是龙虾，就只能爬。如果是鹿，既可以跑，也可以走。在参赛"动物"迁徙的过程中，喊口令的人如果喊出一种新的动物名称，那么所有的参赛者都必须改变运动方式，改用这种新动物的方式继续前进。

**7** 本活动的另一个玩法，就是用秒表计时，看看每种动物从冬季栖息地迁徙到夏季栖息地需要多长时间。

## 想一想

- 哪些动物移动速度最快？
- 哪些动物移动速度最慢？
- 迁徙对每种动物来说都很容易吗？
- 影响动物迁徙距离长短的因素有哪些？

# 神奇的黑脉金斑蝶

黑脉金斑蝶是一种很神奇的生物。这种长着橘黄和黑色斑点的大蝴蝶，生活在北至加拿大、南至墨西哥的广大地区，在北美洲几乎随处可见，是北美地区最常见的蝴蝶之一。

每年，黑脉金斑蝶都会迁徙数千千米。秋季，栖息在北方的黑脉金斑蝶开始聚集成群，一起飞向南方。生活在几乎整个北美的黑脉金斑蝶，一起飞向了它们在墨西哥和美国加利福尼亚州的冬季栖息地。

春季到来时，黑脉金斑蝶会一起飞回北方的夏季栖息地。不过，大部分的黑脉金斑蝶都无法完成回家的旅程。它们死在了路上，再也回不去了。临死之前，它们会产卵，卵孵化就变成了幼虫。这些毛毛虫靠吃乳草慢慢长大，直到有一天它们会织一个茧把自己包裹起来。等茧破开，一只新的黑脉金斑蝶就出现了。

这只新生的黑脉金斑蝶会沿着当年父母的路线，继续北归的路程，回到父母想要回到的目的地，尽管它从来没有去过那个地方！等到了秋季，这只蝴蝶又会开始向南的旅程，一路飞去墨西哥，但那里它也从来没有去过。这难道不神奇吗？

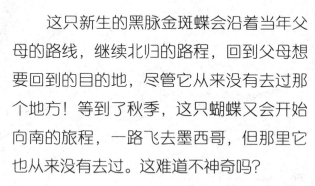

# 自制蝴蝶毛毛虫扇子

**1** 给附在书后的蝴蝶和毛毛虫模板涂上颜色。将毛毛虫的模板放在蝴蝶模板上，把两个模板的纸边对齐。

**2** 将纸横向裁成宽度一样的纸条。按照一条蝴蝶一条毛毛虫的交替顺序，将纸条从上到下排好。

**3** 将排好的纸条依次粘到美术纸上。等胶水干了以后，将美术纸按照纸条位置折成手风琴的样子。

**4** 将折好的美术纸打开，像扇子一样拿着。从一面看，你会在扇子上看到一只蝴蝶。从另一面看，你会看到一条毛毛虫。

## 想一想

黑脉金斑蝶和黑脉金斑蝶的幼虫有什么相似的地方吗？

## 活动准备

- 蝴蝶及毛毛虫模板
- 彩色铅笔或蜡笔
- 剪刀
- 一大张美术纸
- 胶棒

# 神奇的蝴蝶

蝴蝶是第二大传粉昆虫，仅排在蜜蜂之后。

蝴蝶的飞行速度可达到每小时19千米。

除了南极洲实在太冷之外，地球上的其他各大洲都有蝴蝶栖息。

蝴蝶的体温如果低于30℃，就无法飞行。

蝴蝶是在白天飞，而蛾子基本是在夜间飞。

幼虫的体积，与它刚从卵中孵化出来时相比，足足增长了2.7万倍。如果一个出生时体重4千克的人类婴儿，以蝴蝶幼虫生长的速度生长，到成年的时候，体重能达到11万千克。那得多大呀！

蝴蝶休息的时候，翅膀是合拢的，与蛾子正好相反。蛾子休息的时候，翅膀是张开的。研究和收集蝴蝶、蛾子的人，被称为鳞翅目昆虫学家。

# 5. 春季是宝宝的季节

**很**多动物幼崽在春季出生。这是为什么呢？因为天气暖和了，食物充足了。

在寒冷严酷的冬季再次来临之前，新生的动物幼崽有整个夏天可以生长，同时学习如何生存。如果幼崽在夏季或者秋季出生，到了天气转冷的时候，它们仍然还很幼小，要想熬过寒秋和冬季就会很艰难。所以，春季是野生动物繁育幼崽的最佳时机。

# 找房子，盖房子

动物和人一样都住在房子里。很多动物在春季的时候会修建新房子，它们的房子和我们的房子不太一样（它们没有电视或者微波炉），但动物盖房子的理由和人类是一样的。它们需要一个地方来繁育自己的宝宝，保证家人安全，还要防备恶劣天气。

动物天生就知道自己需要什么样的房子，这是它们的另外一种本能。有些动物住的地方很简单，有些动物的巢穴结构则极为复杂，还有些动物会利用其他动物已经建好的地方栖身——舒舒服服地直接入住！

## 动物宝宝住在这样的房子里

鸽子住在鸽笼里

鸡住在鸡窝里

蚂蚁住在蚁穴里

鸟住在鸟巢里

大多数动物盖房子用的都是草、土、木棍和泥等天然材料，具体用什么取决于它们需要什么样的住所，以及栖息在什么地方。生活在地面或者靠近地面的动物，会在靠近地面的地方建造或寻找自己的栖身地。有些**哺乳动物**，比如臭鼬、野兔、金花鼠和土拨鼠，会在地下掘洞，住在那里生育宝宝。蛇则常常会寻找现成的地洞，然后据为己有。

有的时候，老房东回家时，发现已经有新房客搬进去了！

鹰住在鹰巢里

蜜蜂和黄蜂住在蜂巢里

小袋鼠住在妈妈的育儿袋里

水獭住在水边小树林里

狐狸住在地洞里

河狸住在水下巢穴里

蝙蝠栖息在洞穴里

獾住在地洞里

有些动物利用自己的分泌物筑巢建窝，很多昆虫就是这样。蜜蜂用自己分泌的蜂蜡建造蜂巢。胡蜂用自己的唾液筑巢，唾液硬化后，会形成一种像纸一样柔软的物质。蜘蛛则用自己的蛛丝结网。

鹿和驼鹿这样的大型动物是不筑窝的，它们总是在四处移动，所以就在树林或者高高的草里产崽。它们会踩倒一片草，弄成舒舒服服的窝给宝宝住，但是四周会留下高高的草，将窝隐蔽起来。

像松鼠这样住在树上的动物，会在高处筑窝，有时候也会在树洞里安家。松鼠还会在虬枝上用树叶和小树枝筑个大窝，甚至还可能在人类居住的房子里筑窝。

夜莺筑一个巢要花费6天的时间。

巢的外部要3天才能建好，内部也要花去3天。

巢内所用的材料，通常要比外部用的柔软很多。

# 春季的鸟儿更能唱

你注意过吗？春季的鸟比其他任何季节的鸟都更能叫，这是真的。鸟在春季鸣叫得更多，是因为它们正在努力寻找伴侣。雄鸟大声地鸣叫，是要告诉其他雄鸟这块地方是它的。此外，雄鸟还通过鸣叫来吸引雌鸟，而雌鸟会回应它的鸣叫。

问问爸爸妈妈，看看他们有没有动物在人类居住的房子里筑巢的故事，说不定他们有什么好故事呢。

有些动物是住在洞穴里的，狐狸和狼就属于这一类。有的时候它们会在地上挖洞，有的时候则会寻找狭小的洞穴或者树根下的洞。等幼崽稍微长大一些，它们就会出洞，之后大部分时间都会呆在洞外。

要找到动物的巢穴并不容易，这是因为动物都在千方百计地把自己的巢穴隐藏起来。它们不希望暴露自己的宝宝，所以会花很多时间找一处最安全、最不容易被发现的地方安家。

## 词汇单

**哺乳动物：** 分泌乳汁来喂养后代的动物。

**捕食者：** 捕猎其他动物并以之为食的动物。

**伪装：** 动物为了让自己更好地融入周围环境而呈现的体貌。

# 什么样的材料最适合筑巢呢？

鸟用来筑巢的材料多种多样。在鸟巢里，你可能会找到细枝、草棍、草叶，甚至鸟还可能在地上寻来丝带、线头等。

鸟都是从哪里找这些筑巢材料的呢？本次活动会帮助你了解鸟可能会选用的筑巢材料，以及为了找到这些材料鸟会去多远的地方搜寻。

**1** 在你家的后院选四处不同的地方，在每个地方，放一截毛线和一条丝带。尽量将毛线和丝带放在不同的高度：在树杈或者矮树上放一两条，在地上放一两条。

**2** 将你放置毛线和丝带的地点，记录在科研笔记上。每天去检查一下毛线和丝带是否被鸟衔走了。

## 活动准备

◎ 毛线或细绳 4 根：其中 2 根是一种颜色，另 2 根是另外一种颜色

◎ 丝带或细线 4 条：也是 2 根同色，另 2 根为另外一种颜色

◎ 科研笔记本

◎ 铅笔

**3** 在科研笔记本中记录下
放置在什么位置的哪根毛线
或丝带被衔走了。

## 想一想

◎ 鸟是不是更偏爱其中一种颜色？
◎ 鸟是不是更偏爱其中一种材料？
◎ 你把细线放在多高的位置重要吗？
◎ 鸟最喜欢处在什么高度的材料？
◎ 在附近的鸟巢你见到自己准备的材料了吗？

## 其他需要思考的问题

◎ 你找到过鸟巢或者其他动物的巢穴吗？你注意到了什么？
◎ 你在什么地方找到它的？它隐蔽得好吗？
◎ 你找到的巢是什么动物的？你是怎么知道的？

# 筑　　巢

要在树上筑巢，可不是一件容易的事。巢要坚固，要能装得下鸟蛋，能承受孵蛋亲鸟的重量，还要稳当，就算大风或暴风雨也不能把它从树上吹下来。而且，巢里还要暖和。这样孵出的雏鸟才安全，才有庇护。还要记住一点，鸟筑巢只能用喙。

通过这个活动，你会发现，要建筑一个结实又安全的巢有多么不容易。试着用最少的材料搭建最坚固的巢。刚开始的时候，可以只用几种材料，看看你的巢里能装多少个硬币而不会塌，也不会从巢里漏出硬币来。之后，逐渐加入新的材料，让巢更坚固。为了更像鸟一样工作，试着只用两根手指来筑巢！

## 活动准备

◎ 小树枝 3 根或直尺 3 把

◎ 1 厘米宽的纸条 30 根

◎ 牙签 30 根

◎ 8 厘米长的线或者牙线 10 根

◎ 5 厘米长的毛根 10 根

◎ 硬币若干枚

◎ 科研笔记本

**1** 把树枝或直尺架成三角形做成筑巢的平台，巢就建在这个平台上。

**2** 刚开始的时候，用 10 根纸条、10 根牙签、3 根线，还有 3 根做手工用的毛根，用你认为最好的筑巢方法把这些材料利用起来。

**3** 巢搭好之后，把硬币放进去。加到多少枚硬币时，硬币才会从巢底掉出来？将你所用的材料，以及巢可承受的硬币数量记录下来。

**4** 用所有的筑巢材料试着再筑一个巢。你能想出什么更好的办法再次安排这些材料吗？将你的观察结果记录下来。

## 想 一 想

◎ 筑巢过程中最难的是哪个环节？
◎ 是不是有些材料比别的材料更好用？
◎ 是不是有些材料用在其他地方会更好？
◎ 只用两根手指来筑巢困难吗？
◎ 你还注意到了什么？

# 动物宝宝是怎样保证自己安全的?

人类的妈妈们基本不会把自己的宝宝独自扔下,但动物妈妈们经常这样做。事实上,动物宝宝们独自呆着,比跟妈妈在一起要安全得多。很多动物宝宝的身上不带一点儿体味,所以其他动物闻不到它们的气味。宝宝们独自呆着,又是藏着的,就可以安全地躲开**捕食者**。捕食者,是捕食其他动物的动物。成年动物身上有味道,所以很容易被捕食者发现。如果动物宝宝和妈妈呆在一起,就可能也被捕食者发现。

动物爸妈,白天时经常会把它们的宝宝独自留下。鹿和兔子一天只去看自己的宝宝一两次,给宝宝

## 为什么鸟巢很容易找到?

人类往往很容易就能找到鸟巢,多数的鸟都把巢筑在树上。树成为鸟筑巢的安全场所,是因为多数动物都不会爬树,也就不会损伤鸟蛋。人类比其他动物更容易看到鸟巢,是因为我们是直立行走的。多数动物都是四足行走,更接近于地面,因此就不像我们这么容易看到树上的鸟巢。

# 颜色也是警告

有的时候，动物幼崽的体色不是要融入周围环境的背景色，而是要让自己突显出来。有一种两栖动物叫红斑蝾螈，它们的幼崽身上是明亮的橘红色。幼螈身上的这种明亮颜色，是在警告其他动物它们的皮肤有毒。等幼螈长大变成成年红斑蝾螈，体色就会变为棕绿色。

喂奶。其余的时间，动物妈妈会在宝宝附近，但绝不会就在宝宝身边。这就保证了幼崽不会受到正在捕食的捕食者的袭击。

正在学飞的幼鸟，又叫离巢幼鸟，常常独自呆在地面上。不过如果你看看四周，可能会发现鸟妈妈就在树上，看护着自己的孩子。每20分钟左右，鸟妈妈就会下来给幼鸟喂食一次。

动物宝宝还有别的办法躲避捕食者，其中一个办法就是利用它们的外貌。很多动物宝宝的皮毛或者羽毛的颜色，都和它们的父母不同。比如小鹿，棕色的皮毛上夹杂着浅色的斑点，而成年鹿的棕色皮毛没有那些斑点，小鹿的浅色斑点便于在藏匿时更好地融入周围的背景色。这就叫做**伪装**，是动物利用自己的毛色更好地融入周围环境的方法。不管父母是什么颜色，雏鸟的毛色大多是灰棕色的。这种土褐色与鸟巢的颜色更接近，更不易被捕食者发现。

# 隐身宝贝大搜索

在野外，我们很难找到动物的幼崽，这是因为它们巧妙地融入了周围的环境中。有一个办法可以帮助你认识到，要找到一个与周围环境非常接近的东西有多难。这个活动需要两个人一起做，一个人负责把各种形状的纸片藏起来，另一个人负责找。

**1** 用美术纸剪出以下形状。什么颜色都可以。

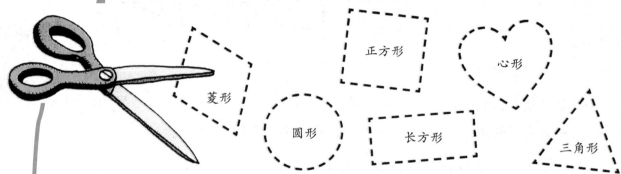

菱形　正方形　心形　圆形　长方形　三角形

**2** 让一个人把剪好的纸片藏在屋子里，要尽量把这些不同形状的纸片放在与它们颜色相同或者形状相同的地方。比如，把白纸片藏在白色的浴缸里把黑纸片藏在黑色的炉台上，红色的长方形纸片放在带红条图案的椅子上等。在藏纸片的时候，负责找的那个人**不能**偷看。看看负责找的人要用多长时间才能把所有纸片找全。

## 活动准备

❂ 剪刀

❂ 4—5 种颜色的美术纸，颜色要与家里的某些物品一样

**3** 现在，再让负责藏的人把这些不同形状的纸片藏在与它们形状或颜色**不同**的地方。比如，把白色的纸片放在黑色的炉台上，黑色的纸片放在红色条纹椅子上等。藏的时候，还是不要让找的人偷看到。看看这次找的人要多久才能把所有纸片都找全。

## 想 一 想

☀ 第二次找起来是不是要容易一些？为什么？

☀ 哪些纸片最难找？为什么？

☀ 找纸片的时候，颜色和形状哪个影响更大？

☀ 你还注意到其他什么吗？

# 这些生物的幼崽怎么称呼？

生物宝宝们有着与父母们不同的名字，一起来看看吧。

牛——牛犊
羊——羊羔
鸡——鸡雏
猪——猪娃
马——马驹

苍蝇——蛆
蚊子——孑孓
鹰——雏鹰
蝴蝶——毛毛虫
青蛙——蝌蚪

猫——猫咪
狼——狼崽
狗——狗崽
虎——虎崽
狮——幼狮

大多数雏鸟在两周到一个月大的时候，就开始学飞了。

## 看到动物幼崽了？别去碰！

春季，你在户外时可能会看到独自活动的动物幼崽。这些小动物可能看起来像是走丢了，其实动物妈妈往往就在附近。只有宝宝再次独自活动时，动物妈妈才会靠近。这些羽毛已经丰满、四处蹦蹦跳跳的幼鸟，正在学习怎么飞，它们的父母就在附近。

# 动物宝宝长得快

　　春季出生的动物宝宝生长速度非常快，通常情况下要比人类婴儿的生长速度快得多。这是为什么呢？因为大多数动物不是一年到头都能找到充足的食物的。对于人类来说，一年四季什么时候都可以去食品店购买各种食品，动物们则不行。迁徙的动物需要快快长大，好赶在夏季结束之前为迁徙做好准备。不迁徙的动物也要长得结结实实的，要为夏季到冬季的季节转换做好准备。

　　秋冬时候，食物往往更难找，体弱的动物就可能生病死掉，这也是动物幼崽出生后一定要快速生长的另一个原因。小鹿刚出生时的体重与人类的新生儿体重基本一样，约3千克左右，但是小鹿的生长速度比人类婴儿要快得多。到4个月大的时候，小鹿已经断了奶，身上的浅色斑点也消失了，看起来就和成年鹿一模一样。等到6个月大的时候，小鹿已经开始准备独立生活了，它们的体重已经达到了29—40千克左右。而6个月大的人类婴儿，基本上还在学习怎么自己坐起来，而体重也只有8千克左右。

　　如果你长得和小鸡一样快，你就长成巨人了！鸡每个月大约长1.3千克左右，但它们刚出生时体重只有几十克。如果你和小鸡生长速度一样，等两岁的时候，你就有1286千克了。

只吃肉的哺乳动物，一年只产仔一次。而吃草的哺乳动物，春夏两季一般都会产仔两次以上。

## 动物幼崽都吃什么？

动物幼崽吃什么要看它们是哪种动物。哺乳动物的幼崽吃妈妈的乳汁，直到它们可以开始吃固体食物为止。雏鸟也是靠父母喂食的。鸟类无法一次给自己的幼鸟带回很多的食物，除非是先吃进自己的胃里——这也正是它们所做的。鸟儿们使劲地吃，吃到撑不下为止，然后飞回巢里，把经过部分消化的食物喂给自己的雏鸟。还没长大的青蛙，也就是蝌蚪，吃的是藻类及池塘中的其他植物，有时也吃虫子，甚至还可能吃其他蝌蚪！有些动物，比如蛇和蜥蜴，没有专门的婴儿食品，它们生下来就是父母吃什么，它们就吃什么。

# 宝宝长得真快！

动物宝宝不仅长得快，它们各种技能的发展也远远早于人类婴儿。雏鸭一周大就会游泳了，小马驹出生后几小时就能站起来四处走了，小蛇孵出来以后几分钟就能自己捕食了。

为什么呢？这是因为与人类婴儿不同，动物幼崽必须在很小的时候就能独立生存。多数情况下，动物幼崽在一岁以前就要独立生活了。人类则是由父母一直照顾到十几岁，甚至更大。那是很多很多年啊！在这个活动中，你要做一些研究，看看自己成长中的一些重要的里程碑是在什么年龄，这些里程碑动物也能做到。你可以问问家长、老师、家族的朋友或亲戚。爸爸妈妈说不定会有笔记，记录着你第一次取得这些进步的时间。

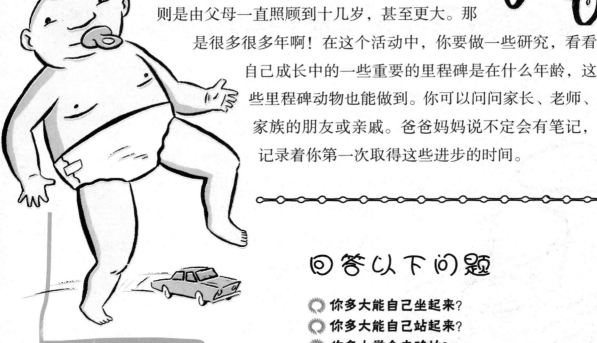

## 回答以下问题

- 你多大能自己坐起来？
- 你多大能自己站起来？
- 你多大学会走路的？
- 你多大说出第一句话的？
- 你多大学会自己吃饭的？
- 你多大学会游泳的？

## 活动准备

- 科研笔记本
- 铅笔

# 6. 春季的天气

春季是一年中天气最捉摸不定的季节。为什么呢？这要从空气和太阳的相互作用说起。

地球非常大,四周都被空气包裹着。空气在地球周围一刻不停地流动,想让全球各处的气温都能一样。这显然是件很不容易的事。

还记得冬季时太阳以一个角度斜射在北半球吗？这也意味着，太阳在天空的位置比较低，地球能接受的太阳的光或热都不是很多，因此海洋和陆地的温度下降，有些地方的陆地和水都冻得硬梆梆的。之后，春季来了，太阳在天空的位置越来越高，阳光直射越来越多，气温迅速升高。可是陆地的升温速度要慢得多，冬季的寒冷依然残存，而且在北方的很多地方，地上还有积雪。海洋的温度比陆地还低，因为要加热那么多的水，需要很长时间。

**开心一刻**

问：下瓢泼大雨的时候怎么办？

答：注意别被瓢打到

## 词汇单

**大气：** 包裹着地球的所有气体。

**时流：** 冷热空气向上或向下的运动，这种运动是云的成因。

所以在春季，空气和太阳想要让四处的温度均衡，就需要付出更多的努力。被阳光加热了的热空气和来自还未解冻的陆地的冷空气可能会发生碰撞。这样天气就从温暖变得寒冷，之后又从

## 什么是天气？

天气不是只在云来了、起风了、下雨下雪了才发生的事，它是**大气层**（即包围着地球的空气）时时刻刻的运动状态。阳光明媚的天空，丝丝缕缕的微风，一个星期没有一滴雨，和狂风大作、暴雨倾盆一样，都是天气。不过有一点是毫无疑问的，天气状况的影响越大，我们对天气就越关注。

寒冷变回温暖。这些变化会促成云在很短的时间内形成和壮大。春季，在天气发生剧烈变化时，有时会形成极厚极大的云层，这些云会带来大雨、闪电、冰雹，甚至是龙卷风。不过要记住，热空气和冷空气是紧挨着的。几个小时之内，天气就可能从晴朗而温暖变成冷飕飕的，还下着雪。春季的天气如同孩儿脸，说变就变！

云的类型主要有三种

积云——像棉花糖一样蓬松的云朵，通常标志着好天气

层云——扁扁的一层一层的云，通常标志着会有剧烈的天气变化

卷云——位置很高、带着卷的像羽毛一样的云，通常标志着好天气

# 云

抬头向上看！春季是看云的好时候。云是由极微小的小水滴聚集而成的。被春季的暖阳加热了的热空气，遇到温度还很低的陆地上空寒冷而潮湿的冷空气，就形成了云。云中的这些小水滴非常小，也非常轻，可以在空气中悬浮。当足够多的小水滴聚集在一起，就沉得无法在空气中悬浮，就落下来成为雨。春季的天上有很多云，是因为太阳的光线已经很强，而地面的温度仍然很低。

雾也是一种云，只是离地面非常近而已。春季时往往有很多雾天。雾是因为温暖湿润的空气在上升时遇到了下沉的冷空气，就凝结成了小水滴。春季时多雾，是因为冻结在土壤中的水分在阳光的强烈照射下升温融化形成的。到了晚上，气温下降了，冷空气沉了下来，从正在解冻的土壤中升腾起来的热空气遇到了冷空气，就产生了雾。

# 自己造云

云是怎么在冷热空气相遇时形成的？下面这个实验可以让你有机会近距离观察！因为要用到热水，还有火柴，所以需要大人帮助。

**1** 用黑纸片将罐子的下半截围住，用胶带贴好。罐子里倒满热水。一分钟后，将大部分热水倒出，只在罐子里留大约2.5厘米深的热水。

**2** 请大人帮忙划着一根火柴，让火柴在罐口上方燃烧几秒钟，再将火柴丢入罐中的水里，然后迅速用一小袋冰块放在罐口上方。

**3** 会发生什么？热水和火柴加热了罐内的空气。温暖湿润的空气上升到罐口时，遇到了冰块下的冷空气。当湿润的热空气与湿润的冷空气相遇时，就产生了由小水滴构成的云。

## 想 一 想

◎ **罐内的空气出现了什么变化？**
◎ **冰块的作用是什么？**
◎ **你还注意到了什么？**

## 活动准备

◎ 玻璃罐

◎ 黑纸片，裁剪到正好能绕罐子的下半截一周

◎ 胶带

◎ 热水

◎ 火柴

◎ 装在塑料袋中的冰块

# 春季是雷暴的季节，有时还有龙卷风

在美国的很多地方，春季是雷暴季节的代名词。这是因为在大量的冷空气遇到大量的湿润热空气时会产生雷暴。这两种空气相遇时会彼此交缠运动，这就是**对流**，它会使得云的体积越来越大。随着云的体积越来越大，它们会翻腾起来，继续上升，并一路吸收水分。这些又大又温暖，还饱含水分的云在空中被越推越高，直到在高空遇到温度比它们低的冷空气。非常温暖和非常寒冷的空气彼此交缠在一起产生的能量，会造成闪电和雷。

有时，冷热空气之间的温度差产生的能量之大，让空气开始像陀螺一样自己旋转起来。出现这种情况时，就会产生一种形状像漏斗一样的云。这种从天上探下来并接触到地面的漏斗云，就被称作龙卷风。漏斗云在哪儿都可能有，但大多数龙卷风都发生在有大片开阔田地的地方。这又是为什么呢？因为漏斗云需要吸收水分才能不断壮大起来，而在春季田地里温暖湿润的土壤有利于大量湿润热空气的形成，雷暴可以借机壮大，最后形成龙卷风。

# 自 制 雷 暴

雷暴是怎么形成的？想弄明白，可能不太容易。不过，这里有个办法可以让你亲眼看看对流（热空气遇到冷空气）是如何导致风暴的？在本次实验中，蓝色的冰块就是冷空气，红色的水就是热空气，看看它们相遇时会发生什么？

**1** 将制冰盒装满水，加入蓝色食用色素，制成冰块备用。

**2** 在塑料盒里装入大半盒温水（不是热水）。在盒的一侧放入一个蓝色冰块，在盒的另一侧滴入 3 滴红色食用色素。

## 想 一 想

◎ 放入温水的冰块发生了什么变化？
◎ 滴入几滴红色食用色素后出现了什么情况？
◎ 你还注意到了什么？

DID YOU KNOW?

龙卷风在世界各地都会发生，但是受到龙卷风袭击最多的地方是美国的堪萨斯州、俄克拉何马州和密苏里州。

这就是美国的这一地区被称为"龙卷风走廊"的原因。

## 活动准备

◎ 制冰盒

◎ 蓝色食用色素

◎ 温水

◎ 鞋盒大小的透明塑料盒

◎ 红色食用色素

# 造 几 个 雷

你被雷的炸响吓到过吗？其实，雷只是闪电周围的空气被闪电加热后发生的声音。闪电有着巨大的能量，这个能量以声波的方式猛地释放出来，就产生了雷。这个有点儿像你往池塘扔了一块石头，石头击中水面造成一圈圈波纹。雷的形成就是这个道理，只不过带有声音。有一个简单的办法，可以展示出闪电能量的迅速释放是怎样造成巨响的。

**1** 把装午餐的牛皮纸袋吹鼓，把袋口拧紧扎严，双手同时将吹鼓的午餐袋一下子拍爆。你的两只手就是闪电的力量，手重重地打在袋子上使得袋子里的空气受到挤压，结果就把袋子挤爆了。

**2** 这就是闪电的作用。闪电以非常非常快的速度，将能量在空气中释放了出来。午餐袋"啪"的那一声响来自空气冲破纸袋时的冲击波，就像雷穿过空气时的声波一样。

## 活动准备

◉ 牛皮纸午餐袋

哇噢！

雷暴离你有多远，是可以算出来的。在看到闪电的时候，数一数在你看到闪电和听到雷声之间有几秒的间隔。取秒数的一半，也就是把这个秒数除以二。比如，如果你在看到闪电和听到雷声之间数了4秒，就取2。如果数了6秒，就取3。这个数代表什么呢？代表雷暴与你的距离有多少千米。闪电和雷是同时发生的，但声音的传播速度要比光速低很多很多。如果你在看到闪电的同时，就听到了雷声，那说明风暴就在你的头顶上！

# 乌云常常是风暴云

大多数的云看起来都是白的，这是因为它们将太阳光反射了出来。如果你看到的云是灰黑色的，那说明一场风暴正在酝酿。乌云颜色是灰黑色的，是因为云里都是水滴或者冰晶。如果云中的水或者冰很多，光线就无法穿透云层，这就是云看起来是黑沉沉的原因。

# 风

你可能已经注意到了，春季经常刮大风，尤其是在下午，其中的原因就在太阳身上。阳光的照射使土壤温度上升，热空气就像热气球一样开始上升。而热空气上升后留下的空间，就由较冷的空气来填补。要记住，大气层中的空气始终都在不停运动，努力想让所有地方的温度都一样。较冷空气的下沉速度通常比热空气上升速度要快一些，因为不像上升空气会遇到树或者房子等阻碍，冷空气下沉时一路畅通无阻，这就造成了阵风。而在早晚，风就很小，甚至几乎没有，这是因为太阳还没加热靠近地面的空气，还没有热空气上升。

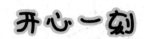

问：一滴雨跟另一滴雨说了什么？

答：我滴答的声音比你的大。

雨滴的大小在 0.2—6 毫米左右，雨在静止空气（无风）中的下落速度为 11.2—28.9 千米／小时之间——这个速度可以说是很快了！

# 春季可能会有洪水

　　春季是一年中最可能发生洪水的季节。为什么呢？随着土壤温度的升高，很多原本冻结在土壤中的冰融化，升上地表。因为地面温度升高的速度很慢，所以这些融化了的水无法被土壤吸收，依然停留在地表。这也是春季时地面总是湿漉漉的原因。这些水，有一部分进入了河流小溪。随着太阳光的照射越来越强烈，照射的时间越来越长，山里原本冻着的冰雪开始迅速融化，融化的雪水也进入了河流，造成了河里的水位上涨。不仅如此，你前面还学到过，春季时还有大量的降雨和风暴等，所有这些水也都进入了河流小溪。有些时候，水多得河流和小溪实在容纳不下了，就会漫过堤岸，把周围全部淹了，这就是洪水。

# 自 制 风 铃

**春季以风大著称。在本活动中，你要制作一个风铃，再把它挂在屋外，听暖洋洋的春风弹奏音乐。**

**1** 用剪子剪出六、七截长度不一的鱼线。如果没有鱼线，可以用缝衣线或者麻线代替，不过要记住这些线在室外不如鱼线耐用。

**2** 将两根长度一样的鱼线分别系在木棍的两端，这两根线是用来将风铃系在木桩或树上的。

**3** 将剩下的每根鱼线都栓一些小金属件，然后将一端系在木棍上。尽量将各鱼线之间保持1到2厘米的距离，这样鱼线上的金属件既可以自然地垂着，在有风时还容易彼此碰撞出铃声。

**4** 把你的风铃挂在树枝上，等着起风。

## 活动准备

- 🌀 鱼线
- 🌀 剪刀
- 🌀 木棍
- 🌀 小金属物件，比如螺丝、螺母、垫圈、钉子等
- 🌀 树枝

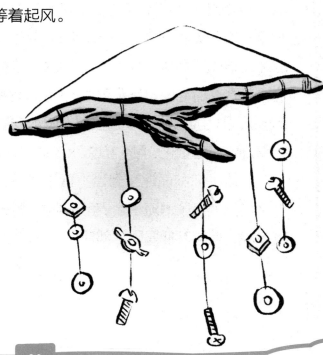

# 结　　语

　　了解春季的过程有意思吧？把你学到的东西和别人一起分享，他们肯定也会觉得很惊奇！在很多地方，春季不仅是一年中最忙碌的时候，也是最富有奇妙变化的时候。随着春季白天的日照时间越来越长，天气越来越暖和，大地也从冬季的沉睡中苏醒过来。植物开始生长了，世界一下子变得绿意盎然。动物从冬眠中醒来或者重新迁回了夏季时的栖息地，开始哺育幼崽。昆虫又开始到处嗡嗡地飞。植物、动物，还有鸟和昆虫，大家都忙得团团转。不过，这个季节的天气可真是难猜。春季的天气说变就变，你得随时准备应对各种天气，说不定还会下雪呢！

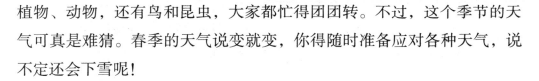

　　在和朋友、家人分享春季的这些有趣知识的同时，别忘了展示一下怎么做书里你最喜欢的那些活动。通过与大家一起进行室内室外的这些实验活动，你能帮助他们发现这个世界和各种生物那些令人称奇的求生方式，还有它们是怎么在春季重获生机的。人们对春季和其他季节中发生的事了解得越多，就越能了解自然世界的运转方式。了解自然是保护自然的第一步，所以请记得把这些知识传播出去噢！

模　板

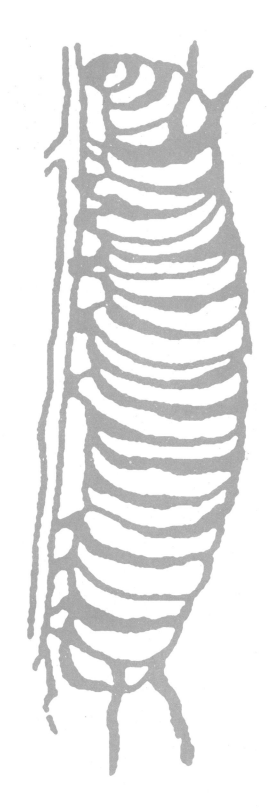

**图书在版编目(CIP)数据**

探索春天:25个了解春天的有趣方法/(美)安德森(Anderson,M.)著;(美)弗雷德里克-弗罗斯特(Frederick-Frost,A.)图;迟庆立译.—上海:上海科技教育出版社,2016.7(2023.8重印)

("科学么么哒"系列)

书名原文:Explore Spring

ISBN 978-7-5428-6388-1

Ⅰ.①探…　Ⅱ.①安…　②弗…　③迟…　Ⅲ.①春季—青少年读物　Ⅳ.①P193-49

中国版本图书馆CIP数据核字(2016)第079030号

责任编辑　刘丽曼
装帧设计　杨　静

"科学么么哒"系列

**探索春天——25个了解春天的有趣方法**

[美]玛克辛·安德森　著

[美]亚历克西斯·弗雷德里克-弗罗斯特　图

迟庆立　译

出版发行　上海科技教育出版社有限公司
　　　　　(上海市闵行区号景路159弄A座8楼　邮政编码201101)

| | | |
|---|---|---|
| 网　址 | www.sste.com　www.ewen.co | |
| 经　销 | 各地新华书店 | |
| 印　刷 | 天津旭丰源印刷有限公司 | |
| 开　本 | 787×1092 mm　1/16 | |
| 印　张 | 6 | |
| 版　次 | 2016年7月第1版 | |
| 印　次 | 2023年8月第2次印刷 | |
| 书　号 | ISBN 978-7-5428-6388-1/G·3282 | |
| 图　字 | 09-2014-131号 | |
| 定　价 | 32.00元 | |